难不倒的克克罗

◎ 机械里的科学课 ◎

# 这就是无人机

## This is the UAV

克克罗带你认识机械

上尚印像 / 编绘

吉林出版集团股份有限公司

全国百佳图书出版单位

机械王国里有一个小精灵：在军队里，它主要负责侦察敌情、收集情报，是个神出鬼没的侦察兵；在生活中，它航拍摄影、送快递……充当我们的眼睛和翅膀，是个勤劳能干的好帮手。这个机械小精灵就是无人机！快跟我一起去探寻藏在它身上的秘密吧！

# 这就是无人机
## THIS IS THE UAV
克克罗带你认识机械

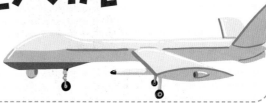

快跟我一起来了解关于
无人机的知识吧!

# 无人机的发展史

1914 年，两位英国将军卡德尔和皮切尔想要研制一种可以自主飞行的导弹。两人进行了多次试验，都以失败告终。

它最好可以自己飞到天上去！

我们想从空中消灭敌人。

1917 年，英国飞机设计师德·哈维兰研制出了第一架由无线电遥控的飞机，但在首飞时因电路着火而坠毁。

我不想失败！

1917 年，美国研制出了可以装载 136 千克炸药的斯佩里空中鱼雷无人机。只是它没有参与战争，因为那时候第一次世界大战已经临近尾声了。

1935 年，英国研制出了全木结构，且可以飞回起点的蜂王号无人机。

快看，我可以绕圈！

20 世纪 30 年代，美国设计师雷金纳德研制出了无线电遥控无人机 RP-1，后被美军大量采购，改制成靶机（空中演习时当靶子用的无人驾驶飞机）。

1944 年，德国工程师弗莱舍设计出复仇者 1 号无人机，其被认为是当代巡航导弹的先驱。

我可以搭载 900 多千克的导弹！

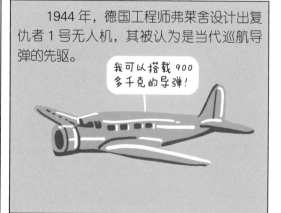

原来无人机已经有 100 多年的历史了！

二战后，美国开始大力发展无人机。1964 年，美国洛克希德公司研制出了 D-21 无人侦察机。这架无人机能够在高空中高速飞行。

20 世纪 90 年代，美国通用原子公司研制出了捕食者无人侦察机，用来为战区指挥官提供情报。

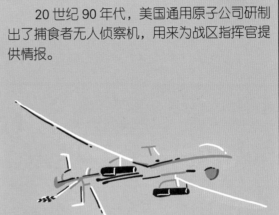

2005 年，美国研制出了火力侦察兵无人直升机，它可以在战舰上自行起飞。

随着军用无人机性能的完善，21 世纪，无人机开始全面负责空中侦察等任务，正式进入大发展时期。

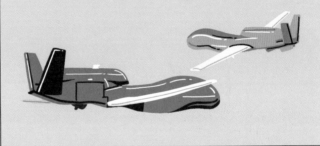

与此同时，由于无人机技术的不断成熟，民用无人机也于 21 世纪初期诞生了，主要用于航拍摄影、地理测绘等方面。

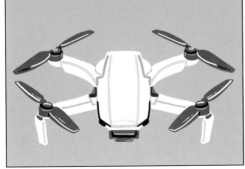

如今，无人机不仅广泛应用于军事、科研领域，还逐渐走进了寻常百姓家，给我们的生活带来了很多乐趣。

# 千奇百怪的无人机

无人机是按照不同的飞行平台构型分类的。无人机所有的飞行设备都是安装在机架上的，这个机架就是无人机的"躯干"，即飞行平台。

## 1 固定翼无人机

固定翼无人机的机翼是固定不变的。它续航时间长，飞行速度快，运载能力强，具有很强的军事作战能力。

## 2 多旋翼无人机

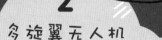

多旋翼无人机拥有3个以上的旋翼为它提供动力，可以垂直起降。它结构简单，操作起来非常灵活，是民用无人机队伍里的代表。

# 3
## 无人飞艇

　　无人飞艇的"大肚子"是一个气囊，里面装着氢气或者氦气。这些气体比空气轻，能帮助它飞起来。大多数多旋翼无人机的续航（连续航行）时间只有 10 分钟左右，而无人飞艇却能连续飞行 20 多天。空中宣传、高空探测等工作它都可以胜任！

1.29

0.09 0.18

氢 氦 空气

气体密度对比

# 4
## 伞翼无人机

　　伞翼无人机靠伞翼获得升力。它能在空中稳定地滑翔，帮助我们开展农业作业或勘探矿藏。

# 5
## 扑翼无人机

　　扑翼无人机有一双可以变形的小型翼翅。它体形小、重量轻、速度快、擅长在高楼林立的城市里进行军事作战。

# 执行任务喽，出发！
## ——让人眼花缭乱的起飞方式

这么多外形奇特的无人机，真是让人大开眼界。它们行动起来更是各具风采。哎呀，这些无人机马上要去执行任务啦！快随我去看看它们都是怎么起飞的吧。

## 1 滑跑起飞

在驾驶员的遥控下，一架伞翼无人机在跑道上滑跑起来，速度越来越快，跑着跑着就飞起来啦！

## 2 手掷起飞

这名驾驶员握着一架微小型低速固定翼无人机，手臂用力一挥，就把它投掷到了空中。

## 3 空中投放

    一架大型飞机正在高空飞行。突然，好几架小型固定翼无人机被它投放到了空中。这些无人机即刻启动，去执行军事任务了。

## 4 垂直起飞

    这架多旋翼无人机刚刚还安静地趴在场地上。随着旋翼快速旋转，它在原地腾空而起。这种垂直起飞的方式同样适用于无人飞艇。

## 5 弹射起飞

    一架军用固定翼无人机从军舰上飞起来了。它是被高压气体、牵引索等弹射出去的。飞上天空以后，它的动力就由发动机来供应啦！

# 带你见识军用无人机

无人机最早被应用于军事行动。在军用无人机队伍中，一款名为"捕食者"的无人机凭借超强的续航能力和搭载能力，成为各个国家军用无人机争相模仿的对象。接下来，我们就以捕食者无人机为例，看看军用无人机的构造吧。

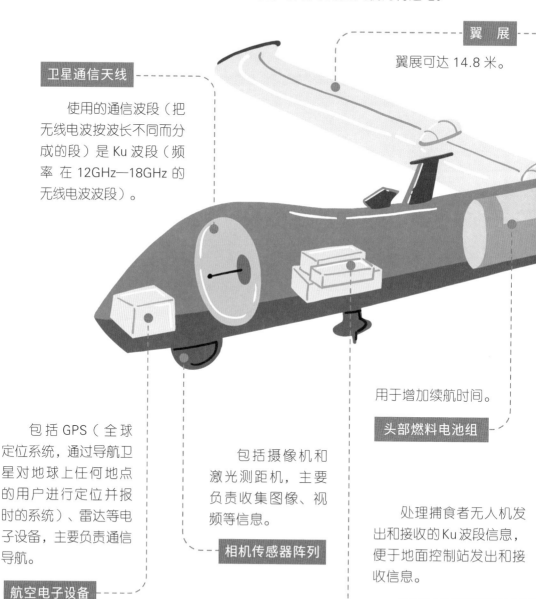

**翼 展**

翼展可达 14.8 米。

**卫星通信天线**

使用的通信波段（把无线电波按波长不同而分成的段）是 Ku 波段（频率 在 12GHz—18GHz 的无线电波波段）。

用于增加续航时间。

**头部燃料电池组**

包括 GPS（全球定位系统，通过导航卫星对地球上任何地点的用户进行定位并报时的系统）、雷达等电子设备，主要负责通信导航。

包括摄像机和激光测距机，主要负责收集图像、视频等信息。

处理捕食者无人机发出和接收的 Ku 波段信息，便于地面控制站发出和接收信息。

**航空电子设备**

**相机传感器阵列**

**Ku 波段卫星传感器、处理器组件**

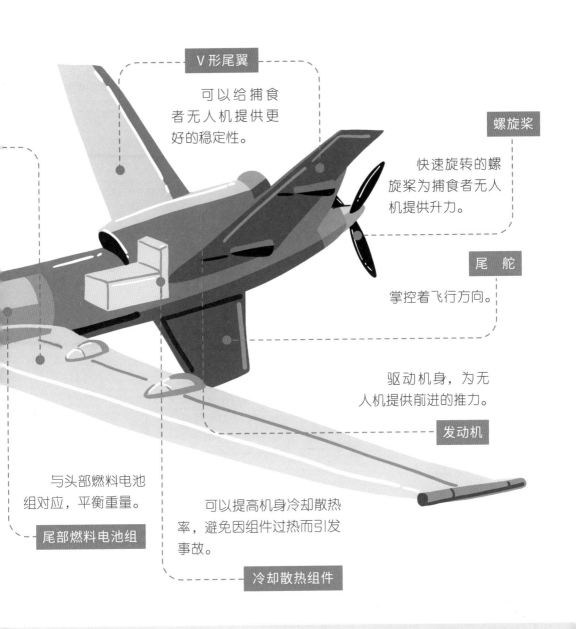

**V 形尾翼**

可以给捕食者无人机提供更好的稳定性。

**螺旋桨**

快速旋转的螺旋桨为捕食者无人机提供升力。

**尾　舵**

掌控着飞行方向。

驱动机身，为无人机提供前进的推力。

**发动机**

与头部燃料电池组对应，平衡重量。

**尾部燃料电池组**

可以提高机身冷却散热率，避免因组件过热而引发事故。

**冷却散热组件**

## 克克罗时间

捕食者无人机重 512 千克，机上用于监视侦察的有效载荷为 204 千克。它可以对敌方实施长达 24 小时的监视。

# 军用无人机怎么执行任务？

军用无人机身上的"秘密武器"可真不少，但是如果要完成侦察、攻击等任务，还要给它搭载很多设备。它执行任务的时候，都会带上什么装备呢？

## 1 武器装备

无人机的底部会被安装上空对空导弹、便携式导弹等武器，用于执行各种攻击任务。

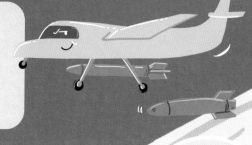

## 2 红外热成像仪

无人机的头部可以安装红外热成像仪。红外热成像仪能够利用目标的红外热辐射，将隐藏的目标转化成我们肉眼可见的红外热图像。所有高于绝对零度（热力学温标的零度，就是 $-273.15℃$）的物体都会发射红外热辐射，因此在红外热成像仪的帮助下，无人机所到之处，几乎所有的隐藏目标都无所遁形。

它适用于全黑或是恶劣环境中。

它还能实现 24 小时全天候监控呢！

14

## 3 雷达

除了红外热成像仪之外，无人机的头部还能安装雷达。雷达的工作原理跟红外热成像仪不同，它先向目标发射电磁波，然后接收反射回来的信号，进行适当处理后就能获取目标的相关信息。雷达能够穿透云雾，以高分辨率进行大范围成像，是不是很酷！

## 克克罗时间

地面控制站是整个无人机系统的作战指挥中心，主要控制无人机的飞行过程，对其进行通信导航，制订作战计划等。军用无人机的地面控制站都是可移动的，控制站内有一名负责规划无人机任务的指挥官，以及一名飞行操作员和一名武器系统控制员。

# 空中杀手——MQ-1捕食者无人机

MQ-1捕食者无人机是多任务型无人机，它不仅可以执行空中侦察任务，还可以执行对空作战、对地作战等任务。接下来，克克罗就给大家讲解一下捕食者无人机的故事吧！

20世纪80年代，为了满足更高的作战需求，美国开始研制高续航力的无人机。他们在原有无人机的基础上研制出了性能更优异的捕食者无人机。

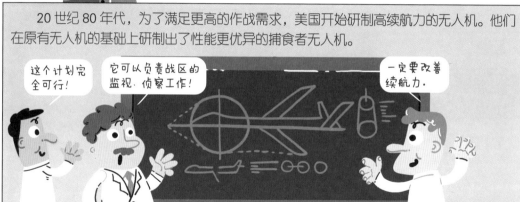

这个计划完全可行！

它可以负责战区的监视、侦察工作！

一定要改善续航力。

经过多次试验，1994年，RQ-1捕食者无人机完成了首飞任务，并于同年具备了实战能力。

首飞完成！

RQ-1捕食者无人机在多次执行侦察任务时都体现出了高续航性能。但它在战场上面对敌人时，却"看得见打不着"。

检阅完毕！

捕食者无人机有两种机型，即 RQ-1 型和 MQ-1 型。RQ-1 是侦察型无人机，MQ-1 是多任务型无人机。

于是，美国空军对捕食者无人机提出了更高的要求——搭载武器装置。

它需要配备更多武器！

它应该更先进！

经过多次测试，RQ-1B 捕食者无人机于 2002 年搭载了两枚地狱火导弹，正式更名为 MQ-1。（两枚地狱火导弹可以瞬间击毁坦克或装甲车。）

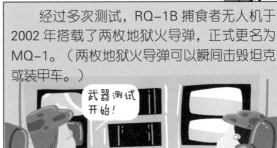

武器测试开始！

随着技术的不断进步，捕食者无人机开始搭载增强型热成像仪、激光照射器和激光测距器等设备，性能和续航能力都得到了极大的提升。

没有最强，只有更强！

MQ-1 捕食者无人机凭借出色的性能在服役期间参与了多场战争，并发挥了极大的作用。

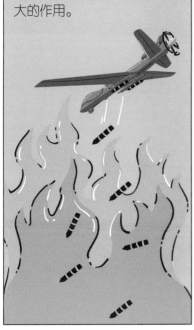

随着更先进的死神无人机的诞生，MQ-1 捕食者无人机于 2018 年退役。

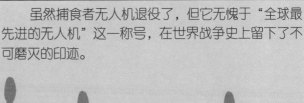

拜拜！

一个时代过去了！

虽然捕食者无人机退役了，但它无愧于"全球最先进的无人机"这一称号，在世界战争史上留下了不可磨灭的印迹。

# 你身边的"小飞侠"
## ——民用无人机

民用无人机是活跃在我们身边的"小飞侠"。在民用无人机里，最常见、应用范围最广的要数多旋翼无人机啦！下面，克克罗就以它为代表，给大家讲讲民用无人机身上的"机关"。

## 多旋翼无人机

**机架**
承载其他组件的安装。

**GPS**
接收 GPS 卫星导航位置信息，进行无人机位置定位。

**电池**
为无人机提供电力，使它能够持续飞行。

**电机**
为螺旋桨旋转提供动力。

**脚架**
缓冲无人机落地时的冲力。

**螺旋桨**
给无人机提供升力。

**减震装置**
减轻无人机在飞行时受到的气流波动。

**云台**
用来安装、固定相机或摄像机的支撑设备。

## 遥控器

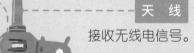

**电源指示灯**
显示无人机的电量。

**天线**
接收无线电信号。

**升降舵 / 方向舵**
控制无人机的前后平移和旋转。

**油门 / 副翼操纵杆**
控制无人机的上下飞行和左右平移。

**LCD 面板**
显示无人机的相关数据。

是什么把无人机和遥控器连接起来的呢？是无线电。无线电分不同的频段。什么是频段？频段是把无线电波按频率不同而分成的段。那么，频率又是什么呢？

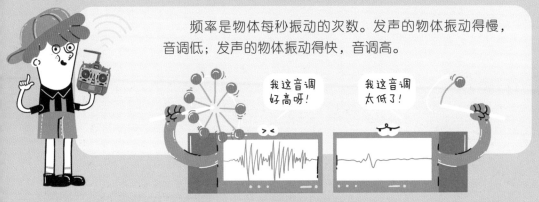

频率是物体每秒振动的次数。发声的物体振动得慢，音调低；发声的物体振动得快，音调高。

我这音调好高呀！

我这音调太低了！

频率的单位是赫兹，符号为 Hz，比如物体在 1 秒钟振动了 100 次，它的频率就是100 赫兹。多数人能听到 20 赫兹到 20000 赫兹的频率范围，但是很多动物对声音的敏感度比我们人类高。

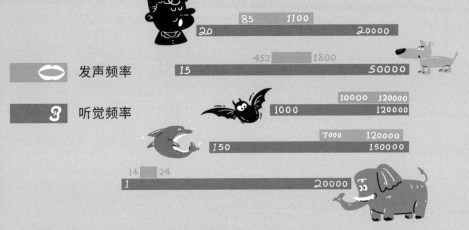

发声频率

听觉频率

一般适合无人机使用的频段大致包括 2.4 吉赫（GHz）、5.8 吉赫和 1.2 吉赫。（1 吉赫=10 亿赫兹）这 3 个频段满足了不同类型无人机的工作需要。

2.4 吉赫主要用于需要进行高速传输任务的民用无人机。

1.2 吉赫较为特殊，仅适合政府和军方无人机使用。

5.8 吉赫这个频段利用率较高，适合进行航拍摄影的民用无人机使用。

# 克克罗小课堂：
# 多旋翼无人机是怎么飞起来的？

　　想不到多旋翼无人机的身上藏着这么多"机关"！但这些"机关"想要发挥作用，得先让多旋翼无人机飞起来才行。你知道它是怎么飞起来的吗？

这是个竹蜻蜓！

1

我们以竹蜻蜓为例。竹蜻蜓和多旋翼无人机一样，都是由主轴和旋翼组成的。

2

双手搓动竹蜻蜓的主轴，两个旋翼就会沿着搓动的方向转动，同时给竹蜻蜓提供向上的升力。竹蜻蜓获得的升力大于自身重力时，就可以飞起来了。

3

上升一段时间以后，受空气阻力的影响，旋翼转速减慢，升力减小，竹蜻蜓获得的升力小于自身重力，就会逐渐下降，最后跌落至地面。

又是一场升力和重力的较量！

升力

**4**

多旋翼无人机的飞行原理和竹蜻蜓一样，当用遥控器使它的旋翼加速转动时，旋翼就会给它提供向上的升力。当多旋翼无人机获得的升力大于自身重力时，它就飞起来了。

自身重力

升力

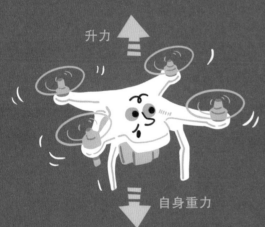

自身重力

**5**

如果使多旋翼无人机的旋翼保持在一定转速，它获得的升力等于自身重力，多旋翼无人机就会在空中悬停。

**6**

当多旋翼无人机的旋翼减慢转速，它获得的升力就会变小，等升力小于自身重力的时候，多旋翼无人机就会降落。

原来，多旋翼无人机之所以能够起降、悬停，秘密都在它的旋翼上！

自身重力

升力

# 无人机的前身——一只会拍照的小鸽子

小鸽子，本领大！

你有没有觉得无人机像一台会飞行的照相机呢？嘿嘿，无人机的前身其实就是一只胸前挂着照相机的鸽子。关于这只鸽子还有一个有趣的故事，让我们一起来看看吧！

1903 年，德国药剂师尤里乌斯养了很多鸽子，他利用这些鸽子来运送处方和药物。

一天晚上，尤里乌斯照常清点鸽笼里的鸽子时，发现少了一只。

还有一只哪儿去了？

鸽子的方向感特别棒，一般来说是可以找到家的。但是这只鸽子始终没有飞回来，尤里乌斯觉得，它一定是发生了意外。

不知道还会不会飞回来。

虽然鸽载相机是航拍无人机的前身，但其实在鸽载相机出现之前就已经有人尝试使用风筝进行空中摄影了。

时间已经过去了一个月，还是没有这只鸽子的音信。"完了，它真的丢了！"就在尤里乌斯不再抱有希望的时候，鸽子飞回来了！

尤里乌斯仔细检查了这只鸽子，意外地发现它竟然比以前还"圆润"了许多。

居然还胖了！

尤里乌斯觉得很好奇，他想知道这只鸽子都飞过什么地方，发生了什么事情。

得想个办法看看它都去过哪里。

这时，尤里乌斯看到了家里的照相机，心生一计。他准备给这只鸽子挂上照相机，拍摄下它的飞行路径。

哈哈，这是个好办法！

一切准备就绪后，尤里乌斯就将这只鸽子放了出去。

去吧，拍点儿照片回来！

不久，这只鸽子又飞了回来。尤里乌斯将照片洗了出来。

马上就要真相大白了！

尤里乌斯发现，原来是一个厨师给鸽子喂了很多美味。

看完照片后，尤里乌斯觉得让鸽子携带照相机飞到空中拍摄是一件很有趣的事情，于是他开始尝试制作鸽载相机。

这个想法太有趣了！

但是有一个问题，鸽子只可以携带30—75克的重物，相当于1个鸡蛋的重量，他必须研究更轻巧的木制相机。

太重了可飞不起来呀！

木制相机制作成功后，尤里乌斯又遇到了难题：鸽载相机在飞行途中不能人为操作，因此按预设只有一次拍摄机会。

尽管鸽载相机有很多弊端，但在德国依然备受欢迎。很多人都将鸽载相机拍摄的照片制成了明信片。

我想要鸽载相机！

鸽载相机在世界范围内也掀起了一阵热潮，很多外国人都慕名前往德国，一睹鸽载相机的真容。

终于看到传说中的鸽载相机了！

随后，第一次世界大战爆发，鸽载相机在战争中也发挥了重要作用。它可以飞到敌军营地上空拍摄照片，进行空中侦察。

怎么回事，哪来的这么多鸽子？

随着鸽载相机在战争中的广泛应用，越来越多的国家都开始意识到鸽载相机和空中侦察的重要性。

但是，随着航空技术的完善，鸽载相机逐渐被战斗机取代。从此，人们只能在博物馆里看到鸽载相机了。

原来就是它啊！

原来长这样。

鸽载相机虽然被封存在博物馆里，成了历史。但它对无人机的诞生有着重大的启发意义。正是有了尤里乌斯的这个发明，才有了现在更加完善的航拍无人机。

原来这是无人机的前身。

真是神奇啊！

我发明的鸽载相机是你们航拍无人机的灵感来源！

# 我们不一样

## ——五花八门的动力系统

比起鸽载相机，无人机更"听话"，我们能对它进行全程操控，其依靠动力系统进行飞行活动。那么，是谁在给它提供动力呢？

## 油动系统 ①

油动系统主要利用燃油燃烧时产生的动力带动发动机工作，从而为无人机提供动力。常见的燃油类发动机有涡轮风扇发动机和燃油发动机。（涡轮风扇发动机是一种燃气涡轮发动机。其耗油率低、噪声小，是当前民航飞机的主要动力装置。）

涡轮风扇发动机

以涡轮风扇发动机为动力的无人机一般为固定翼无人机，主要应用于军事、警用等方面。以我国自主研发的翼龙Ⅱ无人机为例，它的最大起飞重量达 4.2 吨，约等于 3 辆家用轿车的重量，可实现 20 小时续航。

燃油发动机

以燃油发动机为动力的无人机，载重 15 千克以上，约等于 1 只柯基犬的体重，续航时间可达 2 小时。使用燃油发动机的无人机一般为无人直升机，主要应用于喷洒农药等方面。

## 电动系统 **2**

电动系统主要利用电池产生的电能为无人机提供动力。电池的种类有很多，如镍镉电池、锂聚合物电池等。由于锂聚合物电池的重量较轻、安全性较高，所以民用无人机大多会使用锂聚合物电池。

**锂聚合物电池**

以锂聚合物电池为动力的无人机载重为 3—5 千克，约等于一个新生儿的体重，续航时间不超过 40 分钟。使用锂聚合物电池的无人机一般为民用多旋翼无人机，主要应用于航拍摄影等方面。

油电混动系统是无人机未来的发展趋势！

### 克克罗时间

无人机的动力系统还有一种，即油电混动系统。但目前油电混动系统主要应用于汽车领域，在无人机领域使用较少。

# 民用无人机都能干什么？

民用无人机体积小、速度快、成本低，随着性能不断完善，能为我们提供的服务也越来越多，比如电力巡检、航测……还能干什么呢？别急，听我慢慢道来。

## 1 喷洒农药和播种

民用无人机能利用垂直喷洒装置将农药或种子准确喷洒到作物或土地中。虽然它体形较小，只能负载 8—10 千克的农药或种子，但可以节约人工成本，提高作业效率。

轻便的包裹就交给你了！

## 2 送快递

利用 GPS 自控导航系统、无线信号收发装置以及各种传感器，民用无人机可以自动将货物配送到偏远地区，比人工配送的效率更高，也更安全、更方便。

## 3 航拍摄影

民用无人机采用高分辨率的数码相机、红外扫描仪等设备收集图像和视频。用它来航拍，能够在更广阔的视角中得到更逼真的画面，同时又节省了人力和物力。

## 4 电力巡检

民用无人机配有定点导航功能、精细的图像处理和图像分析系统，可以按照制定好的路线飞行，并收集和分析数据，供巡检人员分析。

## 5 地理测绘

民用无人机在进行地理测绘的时候，先用高精度的 GPS 设备定位，再用高分辨率的专业测绘相机收集测绘数据。有了它的帮助，测绘人员很快就能够绘制出无死角、更准确的地图。

它可以满足你的飞行梦！

## 克克罗时间

现在很多民用无人机都应用了 VR 技术，即虚拟现实技术。当你戴上 VR 眼镜操控民用无人机起飞、降落时，你将身临其境般地体验到飞机垂直起飞、降落带来的刺激感！

# 跟着无人机看中国

你从空中俯瞰过祖国的壮美河山吗？无人机就可以做到！

2017 年 3 月 3 日，一部大型航拍系列纪录片被搬上了央视纪录频道，一帧帧镜头展现了祖国的大好河山，引起了大家的关注。它就是《航拍中国》。

为了全方位展现祖国的山川湖泊，导演组在全国做了大量的景点调研，最终确定每省约有 40 个实地拍摄点。

一定要实地调研！

我们要选取不一样的视角！

最初，每集的资料都有大约 15 万字，经编辑筛选后保留了 7000 字左右的解说词。观众在看画面的同时，又像打开了一本中国地理百科全书。

2020 年 5 月，中央电视台正式推出了第三季《航拍中国》，不断向世界展现着中国的壮美河山，真是中华民族的骄傲啊！

整个拍摄过程中，导演组动用了 16 架载人直升机和 57 架无人机，总行程近 15 万千米。

为了给观众呈现出最好的画面，导演组要求拍摄前每一帧镜头都用手绘图画的方式起稿。

与其他纪录片不同的是，《航拍中国》导演组全程依靠无人机和载人直升机拍摄。

《航拍中国》中使用的无人机完美地成了摄像师的"替身"，拍下了很多珍贵的影像。

因为无人机噪声小，便于近距离拍摄，不会惊扰动物，所以导演组用它采集了很多野生动物的珍贵影像。

看！无人机在陕西秦岭拍摄到了一只棕色大熊猫！

我有彩色照片了！

无人机还深入了新疆罗布泊无人区，为观众揭开了无人区的神秘面纱。

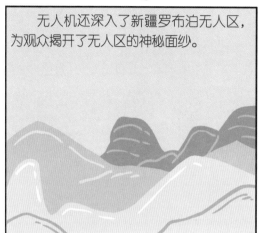

在海南，导演组顶风冒雨反复拍摄了4次，才最终拍到了隐藏在云中的五指山。

节目播出后反响热烈，《航拍中国》紧接着推出了第二季和第三季。

为了给观众带来全新的视觉体验，导演组在制作第二季时采用了大量"一镜到底"的拍摄手法。

在拍摄苏州园林时，无人机完成空中俯拍后，猛地俯冲下来，穿过古色古香的亭台楼榭，最终将镜头对准了正在戏台上吟唱著名昆曲《牡丹亭》的一对演员，让观众深刻体会到了苏州园林的别样美。

除了《航拍中国》外，中国还有一部令人惊叹的航拍纪录片《最美中国》。

在拍摄第三季《航拍中国》的时候，导演组又创下了新纪录，动用了 18 架直升机和 118 架无人机，总航程超过 25 万千米。

《航拍中国》用全新的方式和角度为世界呈现出了一个别样的中国，不仅让世界看到了中国的壮美山河，也让世界看到了中国的发展和变化。

随着《航拍中国》的大热，无人机航拍开始在新闻摄影宣传领域中得到更广泛的应用。相信在不久的将来，无人机不仅会改变新闻摄影，也会改变人们认识世界的方式。

# 你知道民用无人机的飞行禁忌吗？

民用无人机真强大！可以代替我们去那么多地方拍摄美景，这是不是就意味着它能够想怎么飞就怎么飞呢？那可不行，无限制的自由可是很危险的！

高压电

❶ 不可以在危险区域飞行。

❷ 不可以私自使用无人机进行喷洒作业。

民用无人机的飞行规则是什么？

民用无人机虽然小巧，但也要遵守飞行规则的！

无人机会影响我们工作的！

❸ 不可以在正在实施救援的地方飞行。

## 克克罗时间

　　目前，很多国家都开始加强对无人机的监管，中国也不例外。2018 年，中国民用航空局运输司发布了《民用无人驾驶航空器经营性飞行活动管理办法（暂行）》，规范了民用无人机从事通用航空飞行活动的准入标准和监管要求。但是由于民用无人机体积小、速度快、飞行高度高，对它的监管依然存在难度。每个公民都应该自觉遵守规定，为监督民用无人机的规范使用负起责任，这也是爱国的表现。

# 了不起的"中国智造"
## ——大疆创新无人机

在无人机制造领域,也有我们中国的骄傲——大疆创新,它是中国创新的象征,也是中国"智造"的代表,客户遍布全球100多个国家,始终站在无人机制造领域的前沿。关于大疆创新的故事,还得从它的创始人汪滔说起……

汪滔还在香港科技大学读书的时候,就创办了大疆创新公司。

大疆创新刚创办的时候,因为条件艰苦,根本招聘不到优秀的人才,更不要说生产产品了。

> 又是无人问津的一天……

招聘

不过,汪滔并没有气馁。公司创办的前两年,他和他的团队一直在深圳的一个简易民居中进行研发。

上天不负苦心人,他们终于在2008年研发出一套较为成熟的直升机飞行控制系统。

> 这套系统很成熟!

> 这款产品可以面市了!

在通往成功的路上，汪滔走得很艰辛，其间，团队里的很多人都带着产品离开了。

幸好，汪滔的导师李泽湘给了他资金和人才上的支持。

我来支持你！

2009年，大疆联合香港科技大学和哈尔滨工业大学推出了珠峰号无人直升机，并在全球海拔最高的寺庙——西藏绒布寺附近完成了测试。这是人类空中机器人第一次对世界第一高峰进行近距离航拍。

后来，汪滔和他的团队又开发出了多款无人机的飞行控制系统。

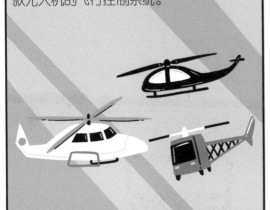

大疆真正的腾飞来自一次转型。当时，越来越多的人开始关注多旋翼无人机，这让汪滔和他的团队陷入了思考。

是时候做出些改变了！

是继续做无人机配件还是改做整机?如果做整机,是做固定翼无人机还是多旋翼无人机?

最后,汪滔力排众议,果断拍板:就做多旋翼无人机!

我决定了,就做多旋翼无人机!

这么果断?

在经历了反复的研发和试验后,大疆创新在 2012 年发布了全球第一款航拍一体机——"精灵" Phantom 多旋翼无人机。

我绝对是个创新!

2013 年,大疆又推出了全球第一款会飞的照相机——"精灵" Phantom 2 Vision,不仅可以拍摄高清照片,还可以使用内嵌的 GPS 准确锁定高度和位置,稳定悬停。

2015 年,大疆又推出了可以实现 2 千米内高清图像传输,在无 GPS 环境中实现精准定位悬停和平稳飞行的第三代"精灵" Phantom。

2018年,大疆又发布了"精灵" Phantom 4 Pro V2.0,该无人机配备了更先进的图像传输系统和降噪螺旋桨。

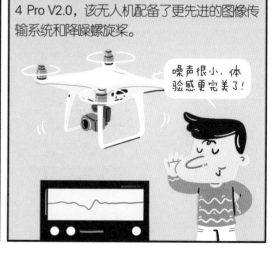

噪声很小,体验感更完美了!

据统计，在获批使用无人机的公司中，有一半都在使用大疆无人机！

一系列大疆无人机产品不断涌现，它们不仅丰富了人们的生活，还曾奔赴灾区救援，也因一次次出现在热播剧里而闻名全球。汪滔带领着他的团队在无人机领域乘风破浪，披荆斩棘。

2018年8月23日，大疆创新与瑞典传奇相机品牌哈苏合作，发布了Mavic 2 Pro无人机，又一次刷新了消费级航拍无人机的画质极限。

Mavic 2 Pro拥有更强的稳定性，并装配了哈苏成像系统，相当于一部会飞的高清摄像机。

截至2020年10月，大疆产品占据了全球超80%的市场份额，大疆创新在全球民用无人机企业中排名第一。但是它并没有停下研发的脚步，未来还会生产出用途更广泛、性能更完善的无人机。

# 克克罗小课堂：无人机的首飞

我猜你现在一定跃跃欲试，非常想操作无人机吧？我们就先来模拟一下吧！

## 一、飞行前的注意事项

2.飞行场地必须是空旷、无遮挡区域，且必须远离人群、建筑群等。

1.选择晴朗、能见度高的天气。

要严格遵循无人机操作规则！

3.双手不能离开遥控器，必须时刻保持对无人机的控制。飞行高度必须控制在120米以下。

120米

## 二、无人机的启动与自检

1. 将无人机安置在水平面上。

2. 先开启遥控器电源，再开启无人机电源。当无人机的电源灯和指示灯亮了，代表无人机进入了自检状态。

3. 在移动设备上下载相应的无人机操作 APP（应用程序软件），并将无人机和 APP 无线连接好。

4. 首次使用时，需要根据 APP 上的指示激活无人机。

## 三、指南针校准

1. 无人机完成自检后，需要进行指南针校准。此处校准建议使用 APP 中的自动校准模式。

2. 校准过程中不可以移动无人机，整个校准过程需要 5—10 分钟。

5—10分钟

完成了无人机飞行前的准备和检查，让我们赶紧来一场首飞吧！

**1** 先认识一下遥控器。

左摇杆，控制无人机的前后平移和旋转。

右摇杆，控制无人机的上下飞行和左右平移。

电源按键　　智能返航键

起飞看看！

**2** 认识完遥控器，请将两个摇杆同时拉到最底部后向内侧移动，这时无人机的电机会启动。

**3** 轻轻向上推动右摇杆，无人机就起飞了。

向右试一下！

**4** 尝试对无人机进行一些基本操作，比如前后移动左摇杆，无人机可以向前、向后飞行。

**5** 完成操作后，需要找到合适的降落位置，将右摇杆拉到最低，待无人机安全降落后，再关闭电源。

一定要安全降落！

无人机在飞行过程中难免会遇到突发情况，一旦遇到突发情况该怎么应对呢？

① 遥控器与无人机之间的信号不稳定怎么办？

如果信号不稳定，应该先让无人机保持悬停状态，再调整遥控器的天线，或者重新启动遥控器，以获得稳定的信号，恢复对无人机的控制。

② 无人机悬停不稳怎么办？

如果无人机悬停不稳，可能是受指南针干扰导致的。此时，将无人机降落停稳后，重新进行校准即可。

③ 移动设备电量过低怎么办？

如果移动设备电量过低，应直接执行自主返航操作，避免发生坠机。

④ 无人机飞行时风力过大怎么办？

如果飞行时风力过大，应先将无人机降到合适高度，改为手动操作，之后尽快寻找合适的地点降落。

## 克克罗小课堂：
## 关于无人机，你可能不知道的那些事

无人机的奥秘还有很多呢！就是讲上三天三夜也讲不完，我再简单地给大家介绍一些关于无人机的有趣小知识吧！其余的奥秘有待大家慢慢探索，有了收获别忘跟我分享！

### 无人机遇到鸟怎么办？

载人飞行器在空中飞行时如果撞到鸟，会发生很严重的安全事故。对于无人机来说，虽然飞行速度没有载人飞行器快，但同样惧怕鸟击事故。如果无人机与鸟发生撞击，它的螺旋桨会损坏，如果撞击力过大，甚至会发生坠机事故。当然，由于无人机飞行时会发出一定的噪声，鸟也会避开无人机。为了保障无人机的安全，在遇到鸟时还是尽量提前避让为好。

### 对无人机飞行影响最大的因素是什么？

恶劣天气，如狂风、暴雨、雷电、冰雪、雾天，甚至是多云等天气，都会对无人机的飞行造成不同程度的影响，轻则无法起飞，重则坠机。

## 为什么多旋翼无人机的旋翼都是双数的？

这是因为无人机升空或下降时需要保持整体的平衡。以四旋翼无人机为例，两个螺旋桨正向转动，两个螺旋桨反向转动，4个螺旋桨之间产生的力就相互抵消了。但如果是单数的螺旋桨，就无法保持平衡了。

## 无人机飞丢了怎么办？

别怕，无人机的丢失找回功能就是为了应对这种情况而设置的。一旦启动这种功能，无人机就会发出鸣叫声，驾驶员循着声音就能找到它啦！除了这个方法外，驾驶员还可以根据无人机在移动设备上留下的飞行路线找到它丢失前最后出现的地点，最终找到它。

我可以合法驾驶无人机了！

## 要想成为无人机驾驶员，需要考驾照吗？

为了保障安全，驾驶无人机当然是需要考取驾照的。在国内，无人机驾照由中国航空器拥有者及驾驶员协会（简称AOPA）颁发。要想得到无人机驾照，必须进行理论基础学习，并完成规定的实践学时。

## 有没有无限续航的无人机？

无论是飞机还是无人机，都需要从地面起飞，在燃油或电力耗尽前着陆。但是我国研制的彩虹太阳能无人机是以太阳能为能源的，只要设备系统足够可靠，不损坏，彩虹太阳能无人机就可以在天上飞上数月甚至数年之久。

我可以从太阳光线中吸收能量！

## 为什么会有无人机禁飞区？

我们日常见到的无人机是多旋翼无人机，这种无人机是依靠螺旋桨快速旋转获得升力的。如果无人机在机场、人群密集处失控，快速旋转的螺旋桨不仅会损坏设备和线路，还会危及人群。为了避免这种事情发生，相关部门正在逐步设定无人机禁飞区。

## 除了航拍、测绘等，无人机还可以做什么？

随着无人机技术的不断进步，越来越多的无人机开发者和爱好者开始尝试在不同的领域运用无人机，比如使用无人机牧羊、抓捕罪犯，在疫情管控期间，无人机还被用来组织人们在家隔离，进行自我保护呢。

图书在版编目（CIP）数据

这就是无人机 ／ 上尚印像编绘. -- 长春 ： 吉林出版
集团股份有限公司，2021.4（2022.6重印）
（机械里的科学课）
ISBN 978-7-5581-9847-2

Ⅰ．①这… Ⅱ．①上… Ⅲ．①无人驾驶飞机－儿童
读物 Ⅳ．①V279-49

中国版本图书馆CIP数据核字(2021)第043961号

ZHE JIU SHI WURENJI

# 这就是无人机

| | |
|---|---|
| 编　　绘 | 上尚印像 |
| 责任编辑 | 孙　璘 |
| 封面设计 | 上尚印像 |
| 营销总监 | 鲁　琦 |
| 出　　版 | 吉林出版集团股份有限公司 |
| 发　　行 | 吉林出版集团青少年书刊发行有限公司 |
| 地　　址 | 长春市福祉大路5788号 |
| 邮政编码 | 130118 |
| 电　　话 | 0431-81629808 |
| 印　　刷 | 晟德（天津）印刷有限公司 |
| 版　　次 | 2021年4月第1版 |
| 印　　次 | 2022年6月第6次印刷 |
| 开　　本 | 720mm×1000mm　1/16 |
| 印　　张 | 3 |
| 字　　数 | 60千字 |
| 书　　号 | ISBN 978-7-5581-9847-2 |
| 定　　价 | 20.00元 |